DB41

河 南 省 地 方 标 准

DB41/T 936—2014

雷电灾害风险评估报告编制规范

Compilation specifications for evaluation report of lightning disaster risk

2014-06-30 发布

2014-08-30 实施

河南省质量技术监督局   发 布

图书在版编目(CIP)数据

雷电灾害风险评估报告编制规范/河南省气象局
编 . —郑州:黄河水利出版社,2015.1
ISBN 978 – 7 – 5509 – 1013 – 3

Ⅰ . ①雷…　Ⅱ . ①河…　Ⅲ . ①雷击火 – 气象灾
害 – 风险分析 – 规范 – 河南省　Ⅳ . ①P427.32 – 65

中国版本图书馆 CIP 数据核字(2015)第 017690 号

出　版　社 : 黄河水利出版社
　　　　　地址 : 河南省郑州市顺河路黄委会综合楼 14 层　　邮政编码 : 450003
发行单位 : 黄河水利出版社
　　　　　发行部电话 : 0371 – 66026940 、66020550 、66028024 、66022620(传真)
　　　　　E-mail : hhslcbs@126.com
承印单位 : 河南省瑞光印务股份有限公司
开本 : 890 mm × 1 240 mm　1/16
印张 : 1.25
字数 : 26 千字　　　　　　　　　　　　印数 : 1—1 500
版次 : 2015 年 1 月第 1 版　　　　　　　印次 : 2015 年 1 月第 1 次印刷

定价 : 15.00 元

前　　言

本标准按照 GB/T 1.1—2009 给出的规则起草。

本标准由河南省气象局提出。

本标准由河南省气象标准化技术委员会归口。

本标准主要起草单位：河南省气象局雷电灾害防御管理办公室、信阳市气象局、河南省防雷中心、安阳市气象局、焦作市气象局、开封市气象局。

本标准主要起草人：卢友发、王生、张心令、李武强、李鹏、黄兰兰、王喆。

本标准参加起草人：毛新斌、张朝晖、关久旭、韦丹。

目　次

雷电灾害风险评估报告编制规范

1 范围

本标准规定了雷电灾害风险评估报告编制的术语和定义、分类、基本规定、编制方法、编制内容、报告格式。

本标准适用于雷电灾害风险评估的项目预评估报告、方案评估报告和现状评估报告的编制。

2 规范性引用文件

下列文件对于本文件的应用是必不可少的。凡是注日期的引用文件，仅注日期的版本适用于本文件。凡是不注日期的引用文件，其最新版本（包括所有的修改单）适用于本文件。

GB/T 10609.3—2009　技术制图 复制图的折叠方法

GB/T 21714.2—2008　雷电防护 第2部分：风险管理

GB/Z 25427—2010　风力发电机组 雷电防护

GB 50057—2010　建筑物防雷设计规范

GB 50058—1992　爆炸和火灾危险环境电力装置设计规范

GB 50343—2012　建筑物电子信息系统防雷技术规范

GB 50689—2011　通信局（站）防雷与接地工程设计规范

NB/T 31039—2012　风力发电机组雷电防护系统技术规范

QX/T 85—2007　雷电灾害风险评估技术规范

QX/T 160—2012　爆炸和火灾危险环境雷电防护安全评价技术规范

IEC 61400－24：2010　风力发电机组 第24部分：雷电防护（Wind turbine generator systems－lightning protection）

ITU－T　K.39：1996　通信局站雷电损害风险的评估（Risk assessment of damages to telecommunication sites due）

3 术语和定义

下列术语和定义适用于本文件。

3.1 雷电灾害风险评估

根据项目所在地雷电活动时空分布特征及其灾害特征，结合项目情况进行分析，对雷电可能导致的人员伤亡、财产损失程度与危害范围等方面的综合风险计算。

3.2 雷电灾害风险评估报告

专业评估人员根据项目委托单位提供的有关资料，结合当地气象资料和现场勘察情况，通过综合分析和科学判断，编制出的包含项目雷电灾害风险评估结论及防护建议的文书。

3.3 雷电危害分析

结合雷电活动特点，对雷电形成原因、破坏机理、危害的识别、严重性、可能性、风险程度等的论述。

3.4 预评估报告

针对建设项目雷电灾害风险预评估编制的雷电灾害风险评估报告书。

3.5 方案评估报告

针对建设项目方案设计雷电灾害风险评估编制的雷电灾害风险评估报告书。

3.6 现状评估报告

针对项目现状雷电灾害风险评估编制的雷电灾害风险评估报告书。

4 分类

雷电灾害风险评估报告分为预评估报告、方案评估报告和现状评估报告三类。

5 基本规定

5.1 雷电灾害风险评估报告应客观地反映雷电灾害风险评估工作的全过程，论点明确、分析深入、方法科学。

5.2 格式规范，文字简洁、准确，语言通顺，数据真实可信并注明引用来源，计量单位使用应规范。

5.3 应对建设项目的可行性研究、规划或设计方案等相关资料进行分析后引用，宜采用图、表来反映资料信息。

5.4 应对雷电防护的必要性、合理性及损失费用进行论证和估算。

5.5 评估结论应具体明确。建议的雷电防护措施应安全可靠，技术先进，经济合理。

5.6 对复杂项目或跨行业建设项目进行雷电灾害风险评估时，可根据需要对其重点专项编制专项风险评估报告，对特殊技术问题编制专题技术报告。

6 编制方法

6.1 编制程序

应根据评估对象特性选择合适的评估标准和评估方法，组合风险分量，计算风险损失，编制评估报告。

6.2 方法选取

6.2.1 建筑物和服务设施的评估报告，应按 GB/T 21714.2—2008 和 QX/T 85—2007 规定的评估方法和程序并结合项目要求编制。

6.2.2 风电项目的评估报告，应按 GB/Z 25427—2010、NB/T 31039—2012 和 IEC 61400—24：2010 规定的评估方法和程序并结合项目要求编制。

6.2.3 建筑物电子信息系统（场地）的评估报告，应按 GB 50343—2012 规定的评估方法和程序并结合项目要求编制。

6.2.4 通信局站的评估报告，应按 ITU－T K.39：1996 规定的评估方法和程序并结合项目要求编制。

6.2.5 爆炸火灾危险场所的评估报告，应按 QX/T 160—2012 规定的评估方法和程序并结合项目要求编制。

6.3 项目及环境资料收集

应对项目及周围的地理、地质、土壤、环境进行现场勘察调查，并收集项目以下资料：

a）雷电灾害风险评估项目及环境概况；

b）雷电灾害风险评估项目的可行性研究报告、地勘报告、总平面图、地形图、功能区布置图及说明；

c）雷电灾害风险评估建筑的单体立、平面图；

d）雷电灾害风险评估项目的区域土壤电阻率测试记录；

e）雷电灾害风险评估项目的主要设备；

f）雷电灾害风险评估项目区域的危险品；

g）雷电灾害风险评估项目的人员、岗位分布；

h）雷电灾害风险评估建筑物风险影响因子。

6.4 气象资料收集

应收集项目所在地历史雷电天气过程以下气象资料：

a）气象常规观测资料；

b）新一代天气雷达产品；

c）卫星云图产品；

d）闪电定位资料；

e）大气电场资料；

f）区域自动站资料。

6.5 项目经济指标收集

应收集项目建筑物、主要设备、原材料、中间物、产品（服务）、经营物品的经济价值及因项目中断服务造成的间接影响价值。

7 编制内容

7.1 预评估报告

预评估报告应有建设项目的雷电灾害易损性和所在地大气雷电环境状况分析，给出选址、功能布局、重要设备的布设、防雷类别及措施建议。

7.2 方案评估报告

方案评估报告应有建设项目的雷电灾害风险量的计算和可能存在的雷电危险（有害）因素的种类、雷电危险性和危险度进行分析，给出安全、科学的防雷类别及经济、合理的雷电防护措施修改意见，提供项目施工现场雷电防护措施和项目风险管理、雷电灾害事故应急预案等。

7.3 现状评估报告

现状评估报告应有项目现有的雷电防护措施的雷电灾害风险量的计算分析，给出安全、科学、经济、合理的雷电防护措施整改意见，为风险管理提供技术依据，并编制项目雷电灾害事故应急预案。

7.4 评估报告组成

评估报告应由封面、声明、省级气象主管机构认可的评估单位证明文件影印件、著录项、前言、目录、正文和附件等组成。

7.5 正文

7.5.1 概述

7.5.1.1 概述应包含项目概况。结合政府主管部门批复及建设项目可行性研究报告等资料，描述项目意义、选址、平面布置、主要建筑物（功能区）、人员岗位分布、生产规模、生产工艺流程、主要设备、主要原材料、中间体、产品，项目主要工程的结构，配电方式及线路敷设，消防和防爆状况，经济技术指标，公用工程及辅助设施，爆炸火灾危险源分析。

7.5.1.2 概述应有评估目的、依据（有关法律、法规及技术标准）、方法、程序。

7.5.1.3 概述应包含项目所在地气候、雷电、环境、地质、地貌的描述。

7.5.2 雷电危险性分析

7.5.2.1 应对雷电成因、危害机理进行描述。

7.5.2.2 应有对相同或类似项目的雷电危害分析。

7.5.3 评估流程和方法

7.5.3.1 评估工作流程、技术流程宜用流程图说明。

7.5.3.2 选用的评估方法和规范标准应依照6.2要求。

7.5.4 大气雷电环境评价

利用气象资料对项目所在地雷电活动规律进行以下分析：

a）利用气象常规观测、雷达回波、卫星云图资料，总结雷电天气环流形势，分（类）型、分季节、分时段对雷电天气规律进行分析；

b）利用闪电定位资料分析项目或区域大气闪电环境，计算区域网格地闪密度，以及分析雷电活动时空分布特征和雷电主导方向、次主导方向等大气雷电环境；

c）宜利用大气电场资料分析大气电场与闪电的相关性和当地大气电场时空分布情况。

7.5.5 项目风险区域划分

对复杂项目或不在6.2类别之中的项目，宜根据风险程度、功能区布置和重要性等将项目划分为不同的区域，每个区域选择一个单体代表进行分类评估分析。

7.5.6 项目雷电灾害风险计算

7.5.6.1 应依据相应规范选取风险影响因子。

7.5.6.2 应计算年平均雷击次数、损害概率、损失量及相应风险值。

7.5.7 评估结论

7.5.7.1 根据分析计算结果，对项目场址的地形地貌特点、雷电活动特征、电磁环境、土壤电阻率总结。

7.5.7.2 应在全部评估工作的基础上，简洁、准确、客观地分析项目雷电灾害风险，与风险限定值或业主允许风险值比较，根据不同类别评估报告分别按以下要求提出明确的评估结论：

a）预评估，分析项目可行性研究报告、规划方案的合理性，提出项目选址、功能布局、重要设备的布设、防雷类别及防护措施意见；

b）方案评估，分析项目方案设计雷电灾害风险性，指出是否符合防雷规范要求；

c）现状评估，分析项目存在的雷电灾害风险，确定其危害程度，并判定是否符合风险限定值和安全生产要求。

7.5.8 防护措施筛选分析

针对项目存在的雷电风险，分析防雷装置的防护效能，依照评估结论分析方案设计或现存的缺陷及过度防护程度，论证项目雷电防护的必要性，筛选安全可靠、经济合理的防雷措施。

7.5.9 投资影响分析

通过降低雷电风险的措施分析和对投资的影响分析，并评估采取措施后的效果。

7.5.10 指导建议

7.5.10.1 在预评估报告中，应按照 GB 50057—2010、GB 50343—2012、GB 50058—1992、GB 50689—2011 和 NB/T 31039—2012 要求提出，还应包含防雷装置的定期检测制度、维护管理制度、档案管理制度，以及雷电预警信息获取途径。

7.5.10.2 在方案评估报告中，除7.5.10.1外，应包含雷击事故应急预案、雷灾上报制度，还应对项目施工时段安排、雷电预警信息获取利用、防雷装置施工质量控制、施工现场人员和临时设施的防雷安全措施及项目设计缺陷提出防雷安全指导建议。

7.5.10.3 在现状评估报告中，除7.5.10.2外，还应对项目现状雷击隐患提出整改建议。

7.6 附件

7.6.1 应有评估委托书。

7.6.2 宜有评估机构和人员情况。

7.6.3 应有评估资料的来源。

7.6.4 项目所在地历史雷击灾害事例。

8 报告格式

评估报告格式见附录A。

附 录 A
（规范性附录）
雷电灾害风险评估报告格式

A.1 页面设置

基本页面为 A4 幅面（210 mm×297 mm），纵向，页边距采用左边距 28 mm、右边距 20 mm、上边距 25 mm、下边距 20 mm；如遇特殊图表可设 A4 幅面横向排版，对部分不能缩小的大幅图表可根据实际需要延长和（或）加宽，倍数不限，此时书眉内容的位置应做相应调整。

A.2 封面

A.2.1 封面式样见图 A.1，各行文字均居中排列。
A.2.2 封面页可用项目效果图或实景照片做背景装饰美化。

A.3 著录项

A.3.1 著录项页式样见图 A.2，各行文字及表格均居中排列。
A.3.2 评估工作责任著录项应注明评估机构的项目负责人、项目技术负责人、评估人员和签发人等主要责任者职责和姓名，有关责任人员应亲笔签名，下方为报告编制完成的日期并压盖评估机构印章。

A.4 声明

声明应紧跟著录页，另起一面。声明的标题字体为三号黑体，内容的字体为小四号宋体。

A.5 前言

应从单数页（正面）排起，前言应于目录之前。前言的标题字体为三号黑体，内容的字体为五号宋体。

A.6 目录

A.6.1 目录应紧跟前言，另起一页。目录的标题字体为三号黑体，内容的字体为五号宋体。
A.6.2 目录中所列的章、附录、附件、参考文献、索引、图、表均顶格起排，第一层节标题以及附录的章均空一个汉字起排，第二层节标题以及附录的第一层节标题均空两个汉字起排，以此类推。
A.6.3 章、节、图、表、附件的目录应给出编号，后跟标题。章、节、图、表的编号与其后面的标题之间应空一个汉字的间隙。
A.6.4 各类标题与页码之间均用"……"连接，页码不加括号。
A.6.5 目录宜由文档编辑软件自动生成。

A.7 正文

A.7.1 正文页式样见图 A.3。

A.7.2 正文每章首页应另起一页，正文首页从单数页（正面）排起。章号与章标题如"第×章 ××××"格式，应居中排列，为小三号黑体；第一层节的节号、节标题如"×.× ××××"格式，应顶格排列，为小四号宋体加粗；第二层节的节号、节标题如"×.×.× ××××"格式，应顶格排列，为小四号宋体；第三层节及以下层节的节号、节标题如"×.×.×.× ××××"格式，应顶格排列，为五号宋体加粗。正文内容采用五号宋体 1 倍行距。文中数字能使用阿拉伯数字和字母的地方均应使用阿拉伯数字和字母，阿拉伯数字和字母均采用 Times New Roman 字体。数字、字符与汉字间和节号与节标题间均应空 1 个半角字符位，章号与章标题间应空 1 个汉字。标点符号应采用全角符号。

A.7.3 文中计量单位应采用国家法定计量单位及符号表示。

A.8 书眉、页码

A.8.1 从报告目录页起每页及正文中的单数页（正面）在书眉位置应给出报告名称和报告编号，正文中双数页（背面）书眉位置应给出报告相应章号和章标题，应居中编排。书眉为小五号宋体。

A.8.2 前言页和目录页用正体大写罗马数字从"Ⅰ"编连续页码；正文首页起用阿拉伯数字"1"开始另编连续页码。页码应居中编排。页码为小五号宋体。

A.9 图表

A.9.1 文中插图及表格置于文中段落处，图、表随文排定，标明图序、图题、表序、表题。图序、表序可分章接续编排。对于较小幅面插图可中线分两栏并行排定。图、表右上方应标明计量单位或符号。

A.9.2 图序、图题间空一格，使用小五号黑体，居中列在图下；图中字符、文字使用小五号宋体。

A.9.3 表序、表题间空一格，使用小五号黑体，居中列在表上；表格部分为五号宋体；表格引用数据应注明引用年份。

A.9.4 表格应排在一页内，当表格一页排不完时，应在下页续排，其续表表题为"续表+序号"，续表的表头应保留。

A.10 公式

A.10.1 报告中的公式应另起一行居中编排，较长的公式应在等号（=）后回行，或在加号（+）、减号（-）等运算符号后回行。公式中的分数线、长横线和短横线应明确区分，主要的横线应与等号取平。

A.10.2 公式的编号应右端对齐，公式与编号之间宜用点线"……"连接。公式下面的"式中："应空两个汉字起排，单独占一行。

A.10.3 公式中需要解释的符号应按先左后右，先上后下的顺序分行说明，每行空两个汉字起排，并用破折号"——"或冒号"："与释文连接，回行时与上一行释文的文字位置对齐。各行破折号或冒号对齐。

A.11 注、脚注

A.11.1 标明注、图注、表注的"注:"或"注×:"均应空两个汉字起排,其后接排注的内容,回行时与注的内容的文字位置左对齐。

A.11.2 脚注(含图的脚注和表的脚注)应置于本页下面末行。脚注编号应另起一行顶格起排,其后脚注内容的文字以及文字回行均应与脚注编号空一个汉字。

A.11.3 标明注的"注:"或"注×:"的字体为小五号黑体,注、图注、表注、脚注、脚注编号、图的脚注、表的脚注及标明注的内容的字体均为小五号宋体。

A.12 附件

每个附件均应另起一页,附件编号、附件标题间用空格或冒号":"连接,应顶格起排,为四号宋体。

A.13 打印装订

A.13.1 报告封面、著录页、前言、目录、证书影印件应单面打印,正文、附件可以双面打印。部分页面宜用彩色打印。

A.13.2 报告打印纸张,内页宜为 80 g 复印纸,封面可采用皮纹纸、铜版纸、哑粉纸、珠光纸、白卡纸。

A.13.3 报告采用左侧整本胶装装订方式装订。

A.13.4 对部分大幅面页纸,应按 GB/T 10609.3—2009 的方法折叠成 A4 幅面。

A.13.5 评估责任签章。除 A.3.2 要求用章外,还可在报告书本侧面加盖评估单位骑缝章进行封页。

评估项目名称（二号宋体加粗）

雷电灾害风险评估报告
（小初号黑体加粗）

（报告类别）预评估/方案评估/现状评估（四号宋体）

（报告编号）××雷评字 ［   ］   号（小四号宋体）

委托单位：（小二号宋体加粗）

评估机构：（小二号宋体加粗）

评估报告完成日期（三号宋体加粗）

图 A.1 封面式样

评估项目名称（小三号宋体加粗）

雷电灾害风险评估报告（小二号宋体加粗）

（报告类别）预评估/方案评估/现状评估（小四号宋体）

（报告编号）××雷评字 [　　] 　号（五号宋体）

职责	姓名	职称或职务	签字
项目负责人			
现场勘察人			
分析评价人			
报告编制人			
报告校对人			
报告审核人			
技术负责人			
签 发 人			

（上表五号宋体，应根据具体项目实际参与人数编制）

评估报告完成日期（压盖评估机构印章）（五号宋体加粗）

图 A.2　著录项页式样

雷电灾害风险评估报告　　××雷评字〔　〕　　号（小五号宋体）

第×章　×××××××（小三号黑体）

　　×××。（五号宋体）

×．×　××××××（小四号宋体加粗）

　　××。（五号宋体）

×．×．×　×××××（小四号宋体）

　　××。（五号宋体）

×．×．×．×　××××（五号宋体加粗）

　　××。（五号宋体）

×．×．×．×．×　×××（五号宋体）

　　×××。（五号宋体）

1

图 A.3　正文页式样

责任编辑　裴　惠
责任校对　兰文峡
责任监制　常红昕

ISBN 978-7-5509-1013-3

9 787550 910133 >

定价：15.00元

ICS 93.160
P 55
备案号：69680-2020

DB21

辽 宁 省 地 方 标 准

DB21/T 3216—2019

大体积水工混凝土渗漏探测导则

Guide for leakage detection of mass hydraulic concrete

2019-12-20发布　　　　　　　　　　2020-1-20实施

辽宁省市场监督管理局 发布